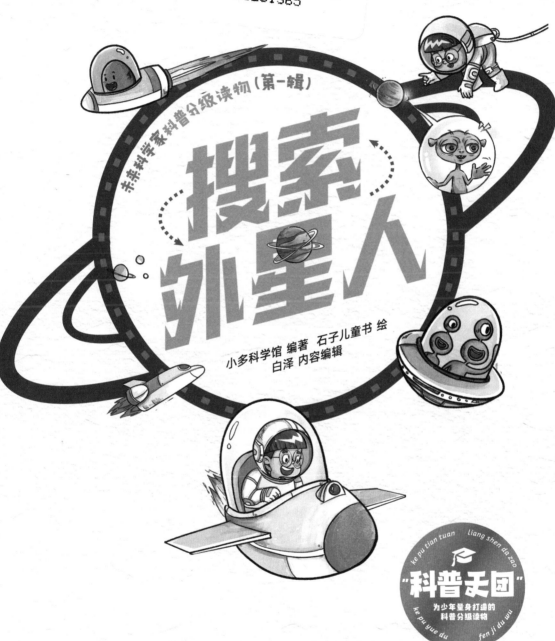

未来科学家科普分级读物(第一辑)

搜索外星人

小多科学馆 编著　石子儿童书 绘
白泽 内容编辑

"科普天团"
为少年量身打造的
科普分级读物

电子工業出版社.
Publishing House of Electronics Industry
北京·BEIJING

目录

为了离开地球

生命的样子

向宇宙进发

外星人四问

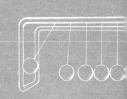

"寻找外星人，我能帮忙吗"

为了离开地球

美丽的遐想

科幻电影《E.T. 外星人》讲述了这样一个故事：埃利奥特收留了意外走失的小外星人 E.T.，并把他介绍给自己的哥哥和妹妹。孩子们与 E.T. 友好相处，可大人们却展开了无情的追捕行动。E.T. 被抓进实验室，埃利奥特也一病不起。孩子们自发组织起来营救 E.T.。埃利奥特也在心灵的感召下苏醒过来，加入营救行动。最终，E.T. 回到了自己的家乡。

小朋友们也许都想过这样的问题：
外星人存在吗？
外星人是不是已经到过地球？

电影中，小埃利奥特骑自行车载着 E.T.，在月亮前掠过的画面，让许多孩子的心也跟着飞翔。

共同的疑问和期待

不仅小朋友会有关于外星人的问题，就连大人也有着"我们寻找到地外生命的可能性有多大""我们怎样去寻找有地外生命的星球""我们怎样迁徙到有地外生命的星球"等疑问，但这些问题目前都还没有明确的答案。

不过，科学家们没有放弃对外星人的寻找。我们的宇宙由不同的层级结构组成，有数十亿个星系，每一个星系有数十亿颗恒星，每颗恒星又可能拥有好几颗行星。这庞大的阵营中随时可能冲出"高手"，打破地球独一无二的生命传说。

公元前 4 世纪，古希腊哲学家伊壁鸠（jiū）鲁写道："有无限的世界，他们跟我们的世界一样或不一样。我们必须相信在所有的世界，都存在着我们这个世界见到的动物、植物等。"

"工欲善其事，必先利其器"

地外生命会是什么样子的呢？你可以猜测他们像天神一样巨大，也可以认为他们是无形的，只是一种能量。但科学是需要实证的。科学家们根据现在掌握的资料认为，按照地球生命的样子来推测地外生命是最实在的。

那"地球生命样子的地外生命"能依托在什么地方而存在呢？最直接的推理是：像地球一样，具有岩石外壳的固体行星。于是，在太空中寻找生命的第一步，就是寻找地球式的星球。哈勃（bó）空间望远镜、斯皮策空间望远镜、开普勒空间望远镜、詹姆斯·韦布空间望远镜、欧洲甚大望远镜等，都已经或即将把镜头对准太阳系外类地行星。

● 欧洲甚大望远镜

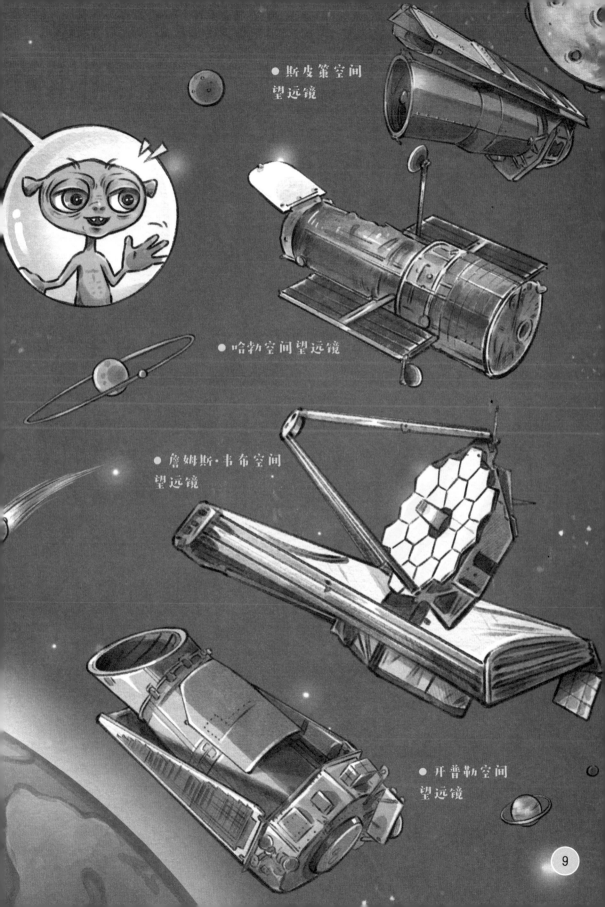

● 斯皮策空间
  望远镜

● 哈勃空间望远镜

● 詹姆斯·韦布空间
  望远镜

● 开普勒空间
  望远镜

怎样找到太阳系外行星

"从地球上观测太阳系外行星，就像试图在一个巨大的探照灯周围，观察一只扑腾的飞蛾，而探照灯和你相隔 3600 千米以上！"有科学家这样比喻。

这是因为行星是不发光的，就算它能反射恒星的光，但与恒星的光度相比，行星反射的光也是微乎其微的。在恒星距离我们极其遥远的情况下，要观察它身旁的行星就更难了。

受周边行星影响的恒星，就像一只陀螺，在一个小范围里绕圈子

当天空中布满不计其数的探照灯时，该怎样寻找飞蛾，又该怎样辨认它们是哪一类飞蛾呢？科学家通过观察探照灯——恒星来证明飞蛾的存在。

当行星围绕恒星公转时，引力不但让行星围着恒星转，也让恒星随着行星的公转而摆动，摆动的样子就像一只旋转的陀螺（tuó luó）。陀螺在自转的同时，会在一个小范围内绕圈子。行星离恒星越近，恒星摆动的幅度就越大。当我们观察一颗拥有行星轨道的恒星时，虽然看不见行星，但可以看到恒星的摆动。

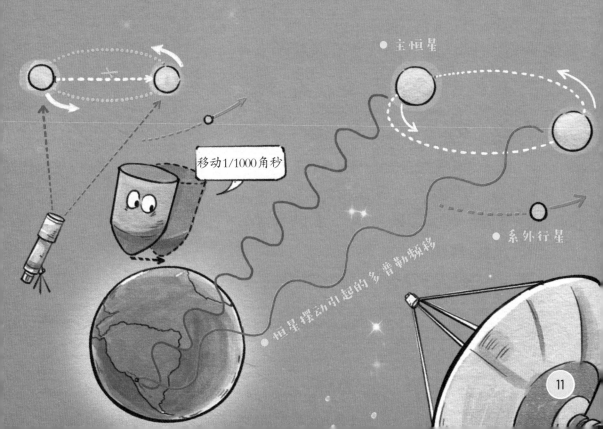

主恒星

移动1/1000角秒

系外行星

恒星摆动引起的多普勒频移

恒星"摆动"花样的利用

　　1.位置"摆动"的利用。天文学家搜集一段时间里有关恒星的照片，然后将它们进行比较。如果恒星的位置发生移动，就说明恒星周围有行星存在。但由于恒星太遥远，我们观察到的它们位置的改变似乎只有一点点。探测如此微小的移动，就好像尝试阅读2000千米以外的杂志上的文字。不过，现在我们有了更先进的观测设备，这种方法已经较少使用了。

　　2.光谱"摆动"的利用。当恒星靠近我们时，恒星光线的波长缩短（发生蓝移）；当恒星远离我们时，恒星光线的波长加长（发生红移）。利用这种现象，加上其他测量数据，就可以确定是否有行星存在以及行星的质量、行星轨道的大小和形状。在开普勒空间望远镜投入使用前，大多数行星是通过这种方法发现的。

有红移！

3. 电波"摆动"的利用。如果恒星是一颗脉冲星，就可以利用它的脉冲周期来发现行星。脉冲星是垂死的中子星，在轨道上精确、快速地旋转着，同时发出无线电脉冲信号。如果有行星围绕脉冲星旋转，脉冲星的运动便会受影响，发射脉冲的时间间隔产生变化。通过计算接收无线电脉冲的时间，可以确认这颗恒星周围的行星。

快了 0.2 秒。

生命的样子

地球生命的起源和最初的生命

最初，地球上只有气体、岩石和岩浆。气体主要是二氧化碳、氨气、甲烷（wán）；岩石经常熔化成岩浆，岩浆再形成岩石，不断反复循环。水逐渐从地壳中释放出来，缓慢地形成各种水体。那时，地球上没有任何生命。

地球缓慢地进化，逐渐变得适宜生命存在：水中有了来自大气的碳、氢（qīng）、氧、氮（dàn）、磷（lín）等营养物质。其中，磷元素是形成DNA（脱氧核糖核酸，动植物细胞中带有基因信息的化学物质）的主要物质，而DNA又是生命的基本组成部分。

地球继续缓慢地进化着。大约 40 亿年前，最初的生命——单细胞生物形成了。这个生物体很像我们现在知道的细菌：很小，细胞壁包裹（guǒ）的细胞内有一个环状 DNA。

这个单细胞生物改变着它周围的环境，并开始扩散到所有能够到达的环境中。地球环境开始慢慢地改变。

被古细菌染了色的温泉

地球的环境和生物体不断相互适应并改变着。随着生物体的逐渐演化，DNA 一代一代地遗传并不断发生突变，时间久了，生物体的特征也发生了变化。

生命的演化和地球生命今天的特征

2 亿年前，哺乳动物出现。

5 亿年前，鱼类出现。

3 亿年前，爬行动物出现。

3.6 亿年前，两栖动物出现。

4 亿年前，昆虫出现，植物第一次出现在陆地上。

从这种小虫的出现开始，生命继续进化着，并开始变得越来越复杂。于是，物种一直在进化，生命越来越多样，不同的物种也越来越多。
大约 6 亿年前，简单的动物出现。

大约 15 亿年前，第一个多细胞生物出现了。今天存在的所有动物都有着相同的祖先——一种生活在水里的小虫。

今天，地球生命的形式多种多样，但是每一种生命间也有许多共同的地方。比如，都是由细胞构成的；都以某种方式摄取并消化食物，以此获得能量；体内都含有水和 DNA；都沿着 DNA 指定的特征，代代繁衍（fán yǎn）着。

宇宙生命的画像

在地球上，一种物质如果有细胞壁，细胞在不断生长，为了生存，这种物质还能通过某种方式消化食物和繁殖，那么这种物质就可以被看作生物。

其他星球上的生命可能不同于地球上的生命。比如，对于地球生命来说，水是重要的组成部分，这可能源于地球生命在进化的过程中，水一直扮演着重要的角色，从而成为地球生命所必需。而在其他星球上则可能不是这样。

所以，我们有必要根据星球本身的状况，调整对其他星球上生命的认识。相对来说，描述地球上的生命要容易一些，因为我们可以看到身边的生物体。但给宇宙中的生命画像就比较困难了，因为其他星球上的生命形式，可能与地球生命截然不同。

星际文明的进化层级

俄罗斯天体物理学家尼古拉·卡尔达肖夫在对地外文明研究的基础上，按照某种文明所使用能量的形式，将星际文明分为六类。

类型 0　类地文明。这种文明可以使用基本原材料，如煤炭、石油等来获得能量，在太空探索方面会使用简单的航天器及推动力，但可能没有能力飞往其他星球来利用那里的能量。这是原始的文明阶段，我们如今就处于这一阶段。

类型 1　行星文明。这一文明比地球文明先进 100-200 年，能够毫不浪费地利用其行星上的任何能量。

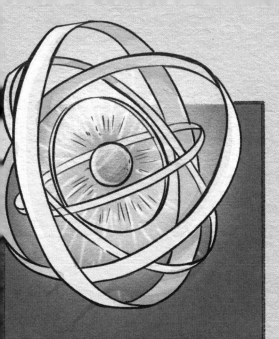

类型 2 恒星文明。这一文明比人类文明先进 2000 年，能利用其恒星系上的所有能量。该文明可能已经研制出可以超光速飞行的飞船，从而使他们的飞行难以被发现。

类型 3 星系文明。这一文明所利用的能量是类型 2 文明的 100 亿倍，能够在不同星系的恒星间来回穿行，并且移居到其他星球。

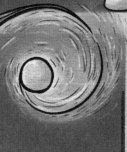

类型 4 宇宙文明。这一文明可以利用 10 万亿亿个太阳的能量。处于这一文明的智慧生命可以在宇宙中穿行，实现星际旅行，改变时间和空间。这一文明将统治宇宙中的其他物种，并比其他物种活得更长久。

类型 5 多元宇宙文明。这一文明拥有无穷的能量。处于这一文明的智慧生命能轻松地在不同物理构成、不同时空和物质组成的不同宇宙间自由穿行。可以变形成任何生物或幽灵，并永远地活着。

向宇宙进发

火星的表面并不支持我们已知的生命形式。但是有证据显示，在数十亿年前，这里曾存在可能支持生命的气候。

火星环形山上流水冲刷出的沟谷

水流冲刷形成的卵石

氯原子

碳原子

2011 年 11 月，美国研制的火星探测器好奇号携带多种先进装备前往火星。2012 年 8 月 6 日，好奇号降落在火星的盖尔环形山。

好奇号的任务，不仅是寻找液态水的痕迹，科学家们还希望从传回的火星古老的地质记录中，捕捉可能的生物存在的痕迹。

针对好奇号传回地球的数据，科学家进行了大量分析后宣布："在好奇号于登陆地点获得的一块泥岩样本中，检测到了碳原子、氯原子等。它们可能来自古老火星的生命，也可能来自古老温泉中水的化学反应或行星的尘埃、小行星或彗星的碎片。在 38 亿年前，地球诞生生命之际，火星曾具备同样的条件。"

采集岩石

可能孕育生命的卫星

在太阳系中，人类搜索地外生命的首选目标一直是火星。在太阳系外，天文学家也一直在寻找处于宜居带的行星。此外，卫星同样有机会承载生命。

太阳系的木星和土星都拥有几个大块头的卫星，寻找可能孕育生命的希望之地，自然少不了这些卫星。

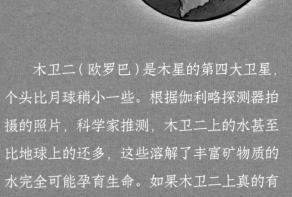

木卫二（欧罗巴）是木星的第四大卫星，个头比月球稍小一些。根据伽利略探测器拍摄的照片，科学家推测，木卫二上的水甚至比地球上的还多，这些溶解了丰富矿物质的水完全可能孕育生命。如果木卫二上真的有生物，生存方式应该与地球上深海热液喷口附近的生物类似。

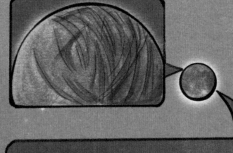

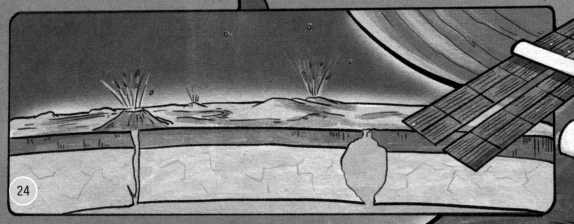

土卫六（泰坦）是土星最大的卫星，比水星还大，是太阳系中唯一拥有真正大气的卫星。卡西尼号探测器到访土卫六，并投下惠更斯号探测器。根据惠更斯号拍摄的照片，科学家发现，土卫六的表面覆盖着厚厚的冰层，有液态乙烷、甲烷的湖泊和河流，这些河流塑造了丰富多彩的地形。

冰

液态水

冰

登陆彗星

2014 年 11 月 13 日，欧洲航天局罗塞塔号探测器释放的菲莱着陆器成功降落在 67P 彗星表面，成为人类首个在彗星表面软着陆的探测器。

彗星保存了太阳系诞生之初的物质，而且在行星形成过程中发挥了巨大的作用，它们身上隐藏着太阳系形成过程的线索；而且，彗星带来的有机物有可能是地球生命诞生的基石。

科学家们一直希望可以直接对彗星上的物质进行分析研究，罗塞塔号和菲莱着陆器上的仪器，就可以准确地分析彗星上都有什么有机分子，甚至有能力探测出氨基酸这样对生命非常关键的物质。

遗憾的是，菲莱着陆器降落到了一个阳光照射不到的位置，无法利用太阳能电池发电，在靠自带的电池完成预定工作后便陷入了沉睡。幸运的是，随着 67P 彗星不断接近太阳，罗塞塔号变得越来越活跃，将给天文学家提供更多的信息。

外星人四问

我们如何与外星人联系

外星文明很可能比我们先进，外星文化和我们可能存在较大差异，数学、化学及天文数据都可能以不同于我们的体系出现。这样，要做到互相理解就很困难。

不过，一些初步的沟通也许会留下线索。比如，外星人可能根据我们传递过去的数据，对我们的技术发展水平做出判断。假如他们觉得我们像一年级的小学生，他们就可能发送给我们一些简单的图片、线条和数字。

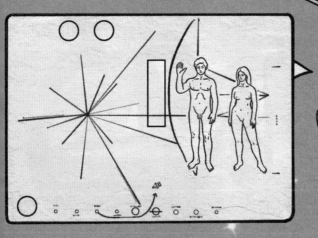

什么数据既重要又容易理解呢？如果由你来发信息，你会选择什么样的内容？

先驱者 10 号探测木星、先驱者 11 号探测小行星带和土星时，均携带了一块长 22.9 厘米、宽 15.2 厘米的镀金铝板，上面刻着一男一女的画像、太阳系中的太阳和地球等行星、氢原子图以及银河系已知 14 颗脉冲星标识的太阳系的位置等。科学家们希望，这些信息能告诉可能的发现者，先驱者号来自何方。

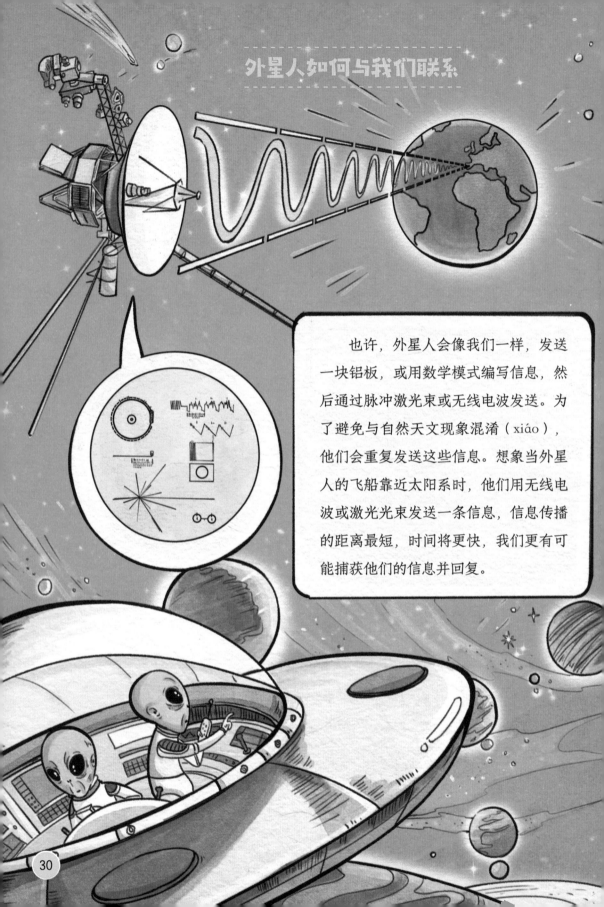

也许，外星人会像我们一样，发送一块铝板，或用数学模式编写信息，然后通过脉冲激光束或无线电波发送。为了避免与自然天文现象混淆（xiáo），他们会重复发送这些信息。想象当外星人的飞船靠近太阳系时，他们用无线电波或激光光束发送一条信息，信息传播的距离最短，时间将更快，我们更有可能捕获他们的信息并回复。

另一种可能的交流方式是探测射向地球的中微子。中微子由高能碰撞产生，不带电荷，能不受质量、尘埃和气体的影响直接穿过行星。太阳每秒都在释放大量中微子。外星人可以用智能脉冲发送中微子来跨过巨大的空间距离进行交流。

虽然我们还没有收到任何确定的来自外星人的信息，但不管外星人会用什么方式发送信息，各领域的科学家都要合力对信息进行转译。根据信息的复杂程度，转译解码过程可能需要持续数周、数月甚至数年。

1. 搜索外星生命光线。在过去的 20 年间，俄罗斯和美国科学家曾阶段性地试图在太空搜索特殊的光线——这些光线不同于自然界的普通光线（如星星发出的光线），而是只能由智慧生物制造出来的光线。

2. 寻找巨大的外星建筑，比如"戴森球"：环绕恒星建造的假想建筑物，用于收集恒星释放的所有能量。

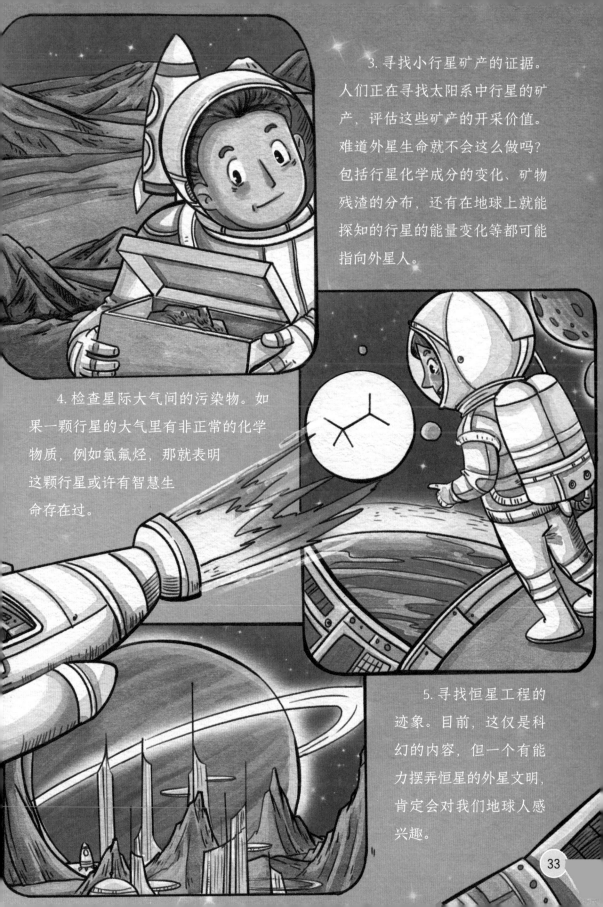

3. 寻找小行星矿产的证据。人们正在寻找太阳系中行星的矿产，评估这些矿产的开采价值。难道外星生命就不会这么做吗？包括行星化学成分的变化、矿物残渣的分布，还有在地球上就能探知的行星的能量变化等都可能指向外星人。

4. 检查星际大气间的污染物。如果一颗行星的大气里有非正常的化学物质，例如氯氟烃，那就表明这颗行星或许有智慧生命存在过。

5. 寻找恒星工程的迹象。目前，这仅是科幻的内容，但一个有能力摆弄恒星的外星文明，肯定会对我们地球人感兴趣。

6. 在地球上寻找外星生命的痕迹。地球已经存在 45 亿年了，谁敢说外星生命没有到访过？如果他们很久之前就来过地球，那么也许会在极其隐蔽的地方（比如海底或南北极的冰盖上）留下痕迹。

7. 寻找中微子序列。中微子这种如同幽灵般存在的亚原子粒子，有可能是被用来传递信息的。因为与超声波或光波相比，中微子更适合用来长途传递信息。信息本身可能非常简单，并且用一种外星摩尔斯电码加密过，但是在地球上是可以被我们探测到的。

8. 搜寻 DNA 中的信息。DNA 是保存信息的另一种方式。外星人或外星探测仪，也许在很久以前到访过地球，并且在某些古生物身上留下了信息。

9. 发现特征明显的外星飞行器。就像我们在许多科幻影片中所看到的一样。

10. 邀请外星人上网。科学家建立了一个网站，邀请外星人给他们回复邮件。虽然到目前为止，所有的回复都被认为是恶作剧，但尝试一下也没什么坏处。

外星人是敌还是友

对外星人抱有善良想法的人认为：既然外星人能穿越浩渺空间来到地球，一定具有高度发达的科技。他们一定用了漫长的时间才发展出这样的科技，在这个过程中他们没有毁灭自己的文明，就说明他们并不好战，甚至拥有很高的伦理道德，因此应该不会与地球人为敌。

反对与外星人主动接触的人认为：如果外星人到访地球，也许是因为有些外星种族已将自己星球上的资源消耗殆尽，只能生活在巨大的太空船上成为星际游牧民族，他们企图征服所有他们经过的星球。著名物理学家霍金在如何对待外星人这件事上态度就十分保守。

还有人认为：外星文明比地球文明高出太多，他们很可能不在乎地球人的感受。也许外星人会像我们对待低等生物一样对待地球人。

"寻找外星人，我能帮忙吗"

"搜寻地外文明"需要你的帮助

天文学家大概是从业余爱好者那里获得帮助最多的科学家。这有多方面原因：首先，宇宙浩瀚无边，而科学家人手有限，寻求大众的帮助很有必要。其次，天文学是普通人也感兴趣的学科。谁不曾仰望夜空，好奇地猜想宇宙里有什么？在互联网时代，普通天文爱好者甚至不需要拥有望远镜就可以帮助专业天文学家。

有些网站能让公众查看空间望远镜拍摄的照片，帮助科学家按照形状对数百万个星系进行分类。

在射电望远镜的帮助下，科学家正在搜寻可能由技术更先进的外星人发出的信号。这项工作相当繁重，仅银河系就涉及几千亿颗恒星。科学家收集了大量数据，但没有足够的精力来分析接收到的电波中是否有来自智慧生命的信号。不过，搜寻地外文明的研究并没有因此受到影响，因为有数百万名天文爱好者在与科学家合作，帮助他们开展各项工作。

国外有一家非营利性科研机构——搜寻地外文明研究所，人们注册后，可以把一个屏幕保护程序安装在自己的电脑上。这个程序能利用个人电脑多余的处理器资源，自动分析射电望远镜的数据，然后将结果汇报给搜寻地外文明研究所。不过，这相当于只是把个人的电脑借给科学家使用，人们并没有亲身参与进去。

还有一款应用程序，可以在网络浏览器或某些智能手机上运行，显示的图像看起来就像接收不到信号的带有"雪花"的电视屏幕。这些"雪花"实际上是遥远星球发来的无线电波数据，每个颗粒状的像素代表了特定时间、特定频率下探测到的信号。当人们观察到这些像素形成了某种图案时，就可以点击显示器下方最接近该图案的按钮。

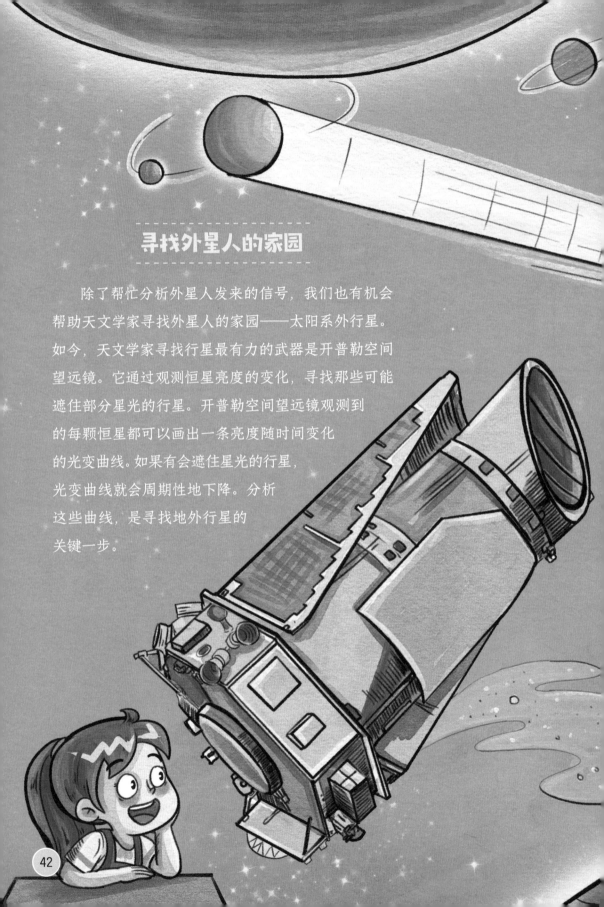

寻找外星人的家园

除了帮忙分析外星人发来的信号，我们也有机会
帮助天文学家寻找外星人的家园——太阳系外行星。
如今，天文学家寻找行星最有力的武器是开普勒空间
望远镜。它通过观测恒星亮度的变化，寻找那些可能
遮住部分星光的行星。开普勒空间望远镜观测到
的每颗恒星都可以画出一条亮度随时间变化
的光变曲线。如果有会遮住星光的行星，
光变曲线就会周期性地下降。分析
这些曲线，是寻找地外行星的
关键一步。

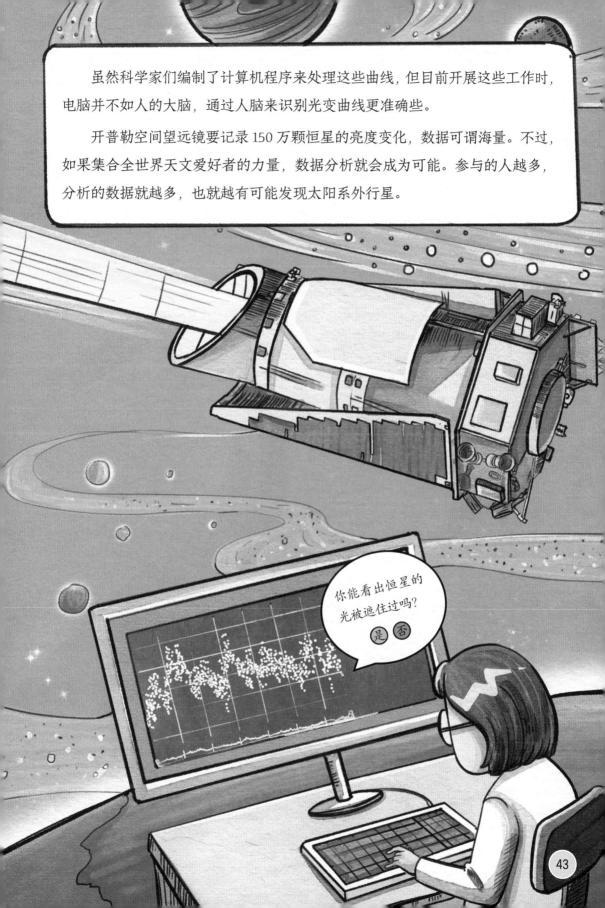

虽然科学家们编制了计算机程序来处理这些曲线，但目前开展这些工作时，电脑并不如人的大脑，通过人脑来识别光变曲线更准确些。

开普勒空间望远镜要记录150万颗恒星的亮度变化，数据可谓海量。不过，如果集合全世界天文爱好者的力量，数据分析就会成为可能。参与的人越多，分析的数据就越多，也就越有可能发现太阳系外行星。

你能看出恒星的光被遮住过吗?
是 否

未来科学家小测试

1. 根据现在掌握的资料，地外生命最有可能出现在（　　）。

    A. 像太阳一样的地方。

    B. 像地球一样的地方。

    C. 像月球一样的地方。

2. 俄罗斯天体物理学家尼古拉·卡尔达肖夫将星系文明分为（　　），以示它们与地球文明相比的先进程度。

    A. 六类。

    B. 七类。

    C. 八类。

3. 以下说法中错误的是（　　）。

    A. 卫星这种围绕行星本身运转的天体，有机会承载生命。

    B. 彗星在行星形成过程中发挥了巨大的作用。

    C. 火星不存在孕育生命的条件。

4. （　　）是目前天文学家寻找太阳系外行星最有力的武器。

    A. 好奇号火星探测器。

    B. 开普勒空间望远镜。

    C. 罗塞塔号彗星探测器。

5. 除了书中提及的方法，你还能想出其他寻找外星人的方法吗？

答案：1B。2A。3C。4B。5 略。

图书在版编目（CIP）数据

搜索外星人 / 小多科学馆编著；石子儿童书绘. --北京：电子工业出版社，2024.1

（未来科学家科普分级读物. 第一辑）

ISBN 978-7-121-45650-3

Ⅰ. ①搜… Ⅱ. ①小… ②石… Ⅲ. ①天文学－少儿读物 Ⅳ. ①P1-49

中国国家版本馆CIP数据核字（2023）第089991号

责任编辑： 赵　妍　季　萌
印　　刷： 当纳利（广东）印务有限公司
装　　订： 当纳利（广东）印务有限公司
出版发行： 电子工业出版社
　　　　　　北京市海淀区万寿路173信箱　邮编：100036
开　　本： 889×1194　1/16　印张：18　字数：333.3千字
版　　次： 2024年1月第1版
印　　次： 2024年1月第1次印刷
定　　价： 138.00元（全6册）

凡所购买电子工业出版社图书有缺损问题，请向购买书店调换。若书店售缺，请与本社发行部联系，联系及邮购电话：（010）88254888，88258888。

质量投诉请发邮件至zlts@phei.com.cn，盗版侵权举报请发邮件至dbqq@phei.com.cn。

本书咨询联系方式：（010）88254161转1860，jimeng@phei.com.cn。